もくじ

8 かげと太陽

43	太陽の動きとかげのでき方①	/40	44	太陽の動きとかげのでき方②	/40
45	日なたと日かげ①	/40	46	日なたと日かげ②	/40
47	日なたと日かげ③	/40	48	日なたと日かげ④	/40

9 光であそぼう

49	光の進み方①	/40	50	光の進み方②	/40
51	光を集める①	/40	52	光を集める②	/40
53	光を集める③	/40	54	光を集める④	/40

10 明かりをつけよう

55	明かりをつけよう①	/40	56	明かりをつけよう②	/40
57	明かりをつけよう③	/40	58	明かりをつけよう④	/40
59	電気を通すもの・通さないもの①	/40	60	電気を通すもの・通さないもの②	/40
61	電気を通すもの・通さないもの③	/40	62	電気を通すもの・通さないもの④	/40

11 じしゃく

63	じしゃくの力①	/40	64	じしゃくの力②	/40
65	じしゃくの力③	/40	66	じしゃくの力④	/40
67	じしゃくのせいしつ①	/40	68	じしゃくのせいしつ②	/40
69	じしゃくのせいしつ③	/40	70	じしゃくのせいしつ④	/40

12 風やゴムで動かそう

71	風のはたらき①	/40	72	風のはたらき②	/40
73	ゴムのはたらき①	/40	74	ゴムのはたらき②	/40

13 音

75	音のつたわり方①	/40	76	音のつたわり方②	/40
77	音のつたわり方③	/40	78	音のつたわり方④	/40

14 ものと重さ

79	ものの重さ①	/40	80	ものの重さ②	/40
81	ものの重さ③	/40	82	ものの重さ④	/40
83	体せきとものの重さ①	/40	84	体せきとものの重さ②	/40

1 かんさつのしかた①

月　　日

点/40点

🌹 チューリップをかんさつし、カードに記ろくしました。
次の（　　）にあてはまる言葉を☐☐☐からえらびかきましょう。

(各10点)

（①　　　　　　）をかく。

（②　　　　　　）をかく。

（③　　　　　　）をかく。

調べたことや
（④　　　　　　）を
絵や文でかく。

チューリップのようす　花だん
4月23日　午前10時　　（晴れ）
上田ますみ

・花だんにチューリップがさいていました。
・葉の形→ほそ長い
・全体の大きさ→ひざの高さくらい。
花の色→いろいろな色がある。
花がとてもきれいでした。

日時　場所　気がついたこと　題名

2 ★ かんさつのしかた②

月　日

点/40点

◎ 次の(　)にあてはまる言葉を □ からえらびかきましょう。

(各5点)

(1) かんさつに出かけるときに、じゅんびをする物は、かんさつしたことを記ろくするための(① 　　　　　　　　)、

(② 　　　　　　　)、デジタルカメラなどがあります。また、虫をつかまえるための(③ 　　　　　)やつかまえた虫を入れる(④ 　　　　　)、虫のこまかい部分をかんさつする虫めがねなどもあればべんりです。

> 虫かご　　あみ　　筆記用具　　かんさつカード

(2) 見つけた生き物は(① 　　　　　　　)などを使って、くわしくかんさつします。カードには絵も使って色、(② 　　　　)、

(③ 　　　　　)など生き物のようすをくわしくかきます。

　また、わかったことや、自分の(④ 　　　　　　)もかいておきます。

> 思ったこと　　形　　大きさ　　虫めがね

☸ かんさつカードを見て、あとの問いに答えましょう。 （各5点）

(1) 草花の名前は何ですか。

（　　　　　　　　　　）

(2) どこで見つけましたか。

（　　　　　　　　　　）

(3) その日の天気は何ですか。

（　　　　　　　　　　）

(4) 記ろくしたのはだれですか。

（　　　　　　　　　　）

ハルジオン　野原

5月18日　午前10時　　（晴れ）

さとう めぐみ

・せの高い草がたくさん育っている。
・日光がよくあたっていた。
・まわりには大きな木はない。
・白い花がたくさんさいていた。

(5) 次の（　　）にあてはまる言葉を [　] からえらびかきましょう。

野原には（①　　　　　　　）や自動車など、植物をふみつけたり、

（②　　　　　　　）するものが入ってきません。また、野原は、

森などとちがって（③　　　　　　　）もよくあたります。そのため、

せの（④　　　　　　　）植物が多くはえています。

日光　　高い　　人　　おったり

4 植物やこん虫のかんさつ②

かんさつカードを見て、あとの問いに答えましょう。　(各5点)

(1) 生き物の名前は何ですか。

(　　　　　　　　　)

(2) どこで見つけましたか。

(　　　　　　　　　)

(3) かんさつした日時はいつで
すか。

(　　　　　　　　　)

(4) その日の天気は何ですか。

(　　　　　　　　　)

アリ　　花だんの近く
5月18日　午前9時　　　(晴れ)
三木　一ろう

・すあなに向かって行列して歩いて
いた。
・2～3びきで虫の死がいを運んでいた。
・うろうろしているアリもいた。
・すあなから、出てくるアリもいた。

(5) 次の( )にあてはまる言葉を ☐ からえらびかきましょう。

アリは(① 　　　　　)の下にあるすあなに向かって、2～3び
きが(② 　　　)を合わせて、(③ 　　　　)を運んでいることが
あります。また、見つけたエサからすあなまで(④ 　　　)し
ていることもあります。

> カ　　地面　　行列　　エサ

🌸 かんさつカードを見て、あとの問いに答えましょう。（各5点）

(1) 植物の名前は何ですか。

（　　　　　　　　　）

(2) どこで見つけましたか。

（　　　　　　　　　）

(3) かんさつした日時はいつで
すか。

（　　　　　　　　　）

(4) だれが記ろくしましたか。

（　　　　　　　　　）

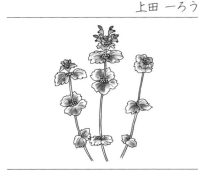

ホトケノザ　公園
4月20日　午前10時　（くもり）

上田 一ろう

・葉が2まいずつついている。
・花の色は赤むらさき色。
・高さは20cmくらい。

(5) 次の（　　）にあてはまる言葉を▢からえらびかきましょう。

ホトケノザの葉は、（①　　　　　　　　）ずつついており、花の色

は（②　　　　　　　　）をしています。

草たけは（③　　　　　　）くらいで、（④　　　　　　）がよく通る、

日あたりのよい道ばたにさいています。

┌─────────────────────────────┐
│　2まい　　　20cm　　　人　　　赤むらさき色　│
└─────────────────────────────┘

6 植物やこん虫のかんさつ④

かんさつカードを見て、あとの問いに答えましょう。 (各8点)

(1) 題名は何ですか。

（　　　　　　　　　　　　）

見つけにくいカマキリ　野原
5月25日　午前10時　　　（晴れ）

上田 さとし

- 草原の中の葉にとまっていた。
- 近くにエサになる小さい虫がたくさんいた。
- からだは緑色をしていて、見つけにくかった。
- 前あしはかまのようになっていた。

(2) カマキリのあしは何本ですか。

（　　　　　　　　　　　　）

(3) カマキリは、何を食べていますか。

（　　　　　　　　　　　　）

(4) 次の（　　）にあてはまる言葉を □ からえらびかきましょう。

カマキリのからだの色は（①　　　　　　）です。そのため、まわりの（②　　　　　　）にかくれてしまい、とても見つけにくかったです。

草原の色　　緑色

7 しぜんのようす①

❀ 次の(　　)にあてはまる言葉を [　　] からえらびかきましょう。

(各5点)

(1)　植物は、日光がなくては育ちません。そこで、それぞれの植物がどのようにして(① 　　　　　)を多く受けるか、きそいあっているか考えましょう。

　タンポポとハルジオンの(② 　　　　　)のちがいを見ると、ハルジオンの方が、せが(③ 　　　　　)て日光をよく受けられそうです。

　ところが、(④ 　　　　　)が通るところでは、くきがおられてしまい(⑤ 　　　　　)は大きく育ちません。

> ハルジオン　　草たけ　　日光　　高く　　人や車

(2)　タンポポは葉と根がとても(① 　　　　　)で人や車にふまれてもかれたりしません。それで、(② 　　　　　)は人や車の通る道の近い場所に、(③ 　　　　　)は人や車があまりやってこない場所に多く生えています。

> タンポポ　　じょうぶ　　ハルジオン

8 しぜんのようす②

◎　いろいろな生き物についてかかれています。次の(　　)にあてはまる言葉を ▭ からえらびかきましょう。　　　(各5点)

(1)　ダンゴ虫は、ブロックや(① 　　　　　)の下にたくさんいました。(② 　　　　　)ところを、このんですんでいるようです。

　野原でナナホシテントウが、カラスノエンドウについていた(③ 　　　　　)を食べていました。ナナホシテントウの色は(④ 　　　　　)で目立ちました。

> だいだい色　　石　　暗い　　アブラムシ

(2)　モンシロチョウが、(① 　　　　　　)にとまっていました。長い(② 　　　　　)のような口で花の(③ 　　　　)をすっていました。

　木のみきにクワガタがいました。木のみきから出る(④ 　　　　　)をすっていました。

> 木のしる　　ストロー　　みつ　　アブラナの花

⭐9 虫めがねの使い方

🌹　虫めがねの使い方について、次の(　　)にあてはまる言葉
を □ からえらびかきましょう。

（各5点）

(1)　(① 　　　　　) に持ったものを見るとき

は、(② 　　　　　) を (③ 　　　　) に近

づけて、(④ 　　　　　　) を動かして、は

っきり見えるところで止めます。

> 虫めがね　　目　　見るもの　　手

(2)　(① 　　　　　　) が動かせないときは、

(② 　　　　　　) を動かして、はっきり見

えるところで止めます。

　虫めがねで (③ 　　　　) を見ると、

(④ 　　　　) をいためるのでしてはいけません。

> 虫めがね　　見るもの　　目　　太陽

◎　方いじしんの使い方について、あとの問いに答えましょう。

（各5点）

(1)　方いじしんを水平に持って、（① 　　　　　）の動きが止まる

と、はりは北と南をさします。色のぬってある方が

（② 　　　　　）です。文字ばんをゆっくり（③ 　　　　　）て、北

をあわせるとほかの（④ 　　　　　）がわかります。

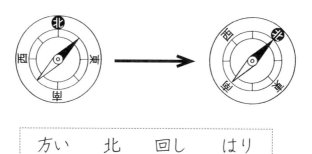

```
方い　　　北　　　回し　　　はり
```

(2)　方いじしんのはりが次の図のように止まりました。それぞれ

の方い（東・西・南・北）をかきましょう。

① （　　　　）　　　　　　　② （　　　　）

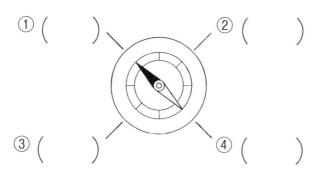

③ （　　　　）　　　　　　　④ （　　　　）

◎ 次の( )にあてはまる言葉を ▭ からえらびかきましょう。

(各5点)

(1) たねをまく前には、土をよく(①)、ひりょうを

まぜておきます。

　たねをまいたら、水を(②)やり、そのあとは、

土が(③)ように水やりをします。

```
かわかない    たっぷり    たがやして
```

(2) たねまきのあと、植物の名前、(①)、自分の名

前をかいた(②)を立てておきます。

```
日づけ    ふだ
```

(3) 植物のたねをまくと、やがて(①)が出て(②)

がひらきます。しばらくすると(③)が出てきます。

```
本葉    子葉    め
```

🌸　図は、たねのまき方をかいたものです。次の（　）にあてはまる言葉を □ からえらびかきましょう。

（各5点）

あ　たねをまき、土を少しかける。

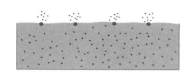

い　指で土にあなをあけて、たねをまき、土をかける。

50cm

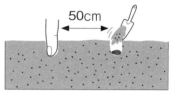

ヒマワリのたねは、図（①　　）のようにまきます。ヒマワリは（②　　）が出たあと（③　　）育つので、たねとたねの間を広くしておきます。

ホウセンカのたねは図（④　　）のようにまきます。たねをまいたらかるく（⑤　　）をかぶせます。

どちらも土がかわかないように（⑥　　）をやります。

（⑦　　）をまく前には、土に（⑧　　）をまぜておきます。

> 大きく　　土　　水　　ひりょう
> あ　　い　　め　　たね

月　　日

点/40点

✿ 次の( )にあてはまる言葉を ☐ からえらびかきましょう。

(各5点)

(1) 草花によってたねの (①　　　　　　)、(②　　　　　　)、色は
ちがいます。ヒマワリのたねは、ホウセンカのたねより
(③　　　　　　) です。

ヒマワリもホウセンカも (④　　　　　) は、2まいです。

子葉　　形　　大きい　　大きさ

(2) ヒマワリのたねは、指で土に深さ (①　　　　　) cmくらいの
あなをあけて (②　　　　　) ずつ入れます。たねとたねの間は
(③　　　　　) cmくらいあけます。

土をかぶせたあと、(④　　　　　) を
やります。

水　　1つぶ　　50　　2

✿ 記ろくカードを見て、あとの問いに答えましょう。　　（各8点）

ホウセンカの育ち方
5月2日くもり（あ　　　）

高さ
1cmくらい

子葉の色
黄緑色

めが出ました。子葉は2まい
で、ヒマワリと同じです。
　大切に育てたいと思います。

(1) あには何をかきますか。　　　　　（　　　　　　　）

(2) 草たけは何cmくらいですか。　　（　　　　　　　）

(3) 子葉の色は何色ですか。　　　　　（　　　　　　　）

(4) いつ調べましたか。　　　　　　　（　　　　　　　）

(5) 何について調べましたか。　　　　（　　　　　　　）

15 植物の育ちとつくり①

月　　日

点/40点

◎ 図を見て、次の( )にあてはまる言葉を □ からえらびかきましょう。

(各5点)

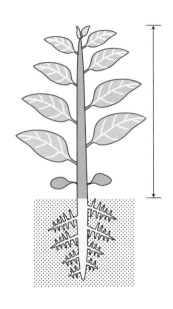

(1) 植物のからだは、根、くき、葉からできています。(①)は、土の中にあり、葉は(②)についています。また、植物のせの高さを(③)といい、葉のまい数が(④)とともに、高くなっていきます。

> 根　　くき　　草たけ　　ふえる

(2) 植物の根のはたらきは、(①)をすいあげることと、からだを(②)ことです。(③)が大きく育つと、土の中の(④)もしっかりと育ちます。

> ささえる　　根　　水　　からだ

16 植物の育ちとつくり②

◎　図は、かんさつしたときの記ろくです。あとの問いに答えましょう。

(各8点)

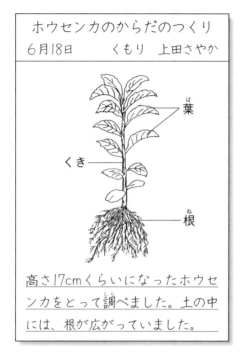

ホウセンカのからだのつくり
6月18日　　くもり　上田さやか

葉（は）

くき

根（ね）

高さ17cmくらいになったホウセンカをとって調べました。土の中には、根が広がっていました。

(1)　ホウセンカの何を調べましたか。　　（　　　　　　　　　　　）

(2)　記ろくをした日は、いつですか。　　（　　　　　　　　　　　）

(3)　ホウセンカのからだは、いくつの部分に分かれていますか。

（　　　　　　　　　　　）

(4)　分かれている部分の名前を、図を見てかきましょう。

根、（　　　　　）、（　　　　　）

◎　次の文は、なえを植えかえるときにすることをかいたものです。どのようなじゅんじょで行いますか。行うじゅんに、（　　）に数字をかきましょう。

（各10点）

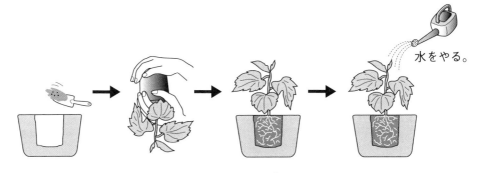

さかさまにして　　はちの土ごと、
はちをはずす。　　そっと植えかえる。

水をやる。

① （　　） はちの土ごと、そっと植えかえる。

② （　　） 水をやる。

③ （　　） 花だんなどの土をたがやして、ひりょうをまぜる。はちが入るくらいのあなをほる。

④ （　　） はちをさかさまにして、はちをはずす。

🌸　かんさつ記ろくを見て、あとの問いに答えましょう。（各8点）

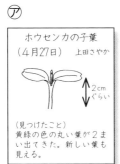

ⓐ

ホウセンカの子葉
（4月27日）　上田さやか

2cm
ぐらい

（見つけたこと）
黄緑の色の丸い葉が2ま
い出てきた。新しい葉も
見える。

ⓘ

ホウセンカの□□□
（　月　日）　上田さやか

4cm
ぐらい

葉が4まいになったので、
花だんに植えかえた。
（見つけたこと）
くきも太くなってきた。

ⓤ

どんどん育つホウセンカ
（　月　日）　上田さやか

30cm
ぐらい

（見つけたこと）
葉の数は、ずいぶんふえてく
きもかなり太くなってきた。

ⓔ

ホウセンカの育ち
（5月4日）　上田さやか

3cm
ぐらい

（見つけたこと）
次に出てきた葉は細長くて
ぎざぎざがあった。せも高
くなった。

(1)　ⓘ、ⓤのかんさつした日はどれですか。（　　　）にⓘ、ⓤの記号をかきましょう。

　　　5月8日（　　　　）　　　7月1日（　　　　）

(2)　図は、ⓘ、ⓤの根を表したものです。それぞれどちらですか。（　　）に記号をかきましょう。

　　①　　（　　　）　②　　（　　　）

(3)　ⓘの題名は「ホウセンカの」何ですか。ふさわしい方に○をつけましょう。

　　　（　　　）植えかえ　　　（　　　）くき

19 植物の一生①

❀ 次の(　　)にあてはまる言葉や記号を □ からえらびかき
ましょう。

(各5点)

(1) 植物は、たねをまくと、めが出て(① 　　　　)が開きます。
そのあとに本葉が出てきます。

　やがて、くきがのびて、葉がしげり、つぼみができ、
(② 　　　　)がさきます。花がさいたあと、(③ 　　　　)がで
きます。実の中にはたくさんの(④ 　　　　)ができています。
そしてかれていきます。

　これが植物の一生です。

> 子葉　花　たね　実

(2) 花のたねはどれですか。

ホウセンカ	アサガオ	マリーゴールド	ヒマワリ
①(　　　)	②(　　　)	③(　　　)	④(　　　)

> ㋐ 　　㋑ 　　㋒　　㋓

月　日

点/40点

❀　図の(　　)にあてはまる言葉を ⬚ からえらびかきましょう。

(各5点)

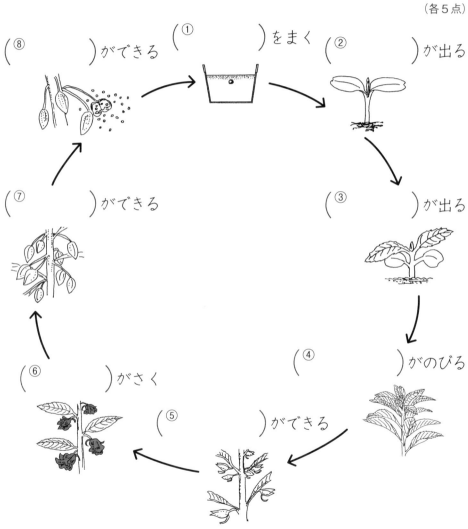

(⑧　　　　　)ができる　(①　　　　　)をまく　(②　　　　　)が出る

(⑦　　　　　)ができる

(⑥　　　　　)がさく　(⑤　　　　　)ができる

(③　　　　　)が出る

(④　　　　　)がのびる

花　つぼみ　実　草たけ　本葉　子葉　たね　たね

🌹　図は、ホウセンカのたねまきから実ができるまでのようすを表したものです。あとの問いに答えましょう。　　　　　（各8点）

㋐　　　　　　　㋑　　　　　　　㋒

(1)　次の文は、ホウセンカの㋐～㋒のどのようすについてかいたものですか。記号をかきましょう。

①　花がさいたあとに実ができました。実をさわるとはじけておもしろいです。　　　　　　　　　　　　　　　（　　　　　）

②　葉がたくさん出てきました。葉は細長くてぎざぎざしています。　　　　　　　　　　　　　　　　　　　　（　　　　　）

③　大きく育って赤い花がたくさんさきました。（　　　　　）

(2)　6月14日と9月11日の記ろくカードがあります。
図の㋐、㋒それぞれどちらのものですか。

6月14日（　　　　）　　9月11日（　　　　）

月　　　日

点/40点

🌹　図は、ホウセンカの育ち方を表しています。あとの問いに
答えましょう。

(各5点)

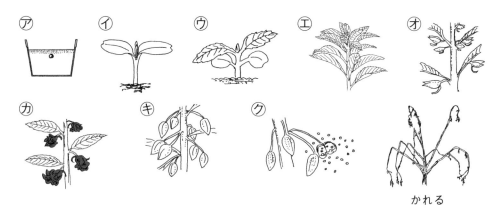

ア　イ　ウ　エ　オ

カ　キ　ク

かれる

次の文は図のどれを表していますか。（　　　）に記号をかきましょう。

① （　　　）　花びらがちって、実ができました。

② （　　　）　花がさきました。

③ （　　　）　はじめての葉がひらきました。

④ （　　　）　実にさわるとたねがとび出しました。

⑤ （　　　）　少し形のちがう葉が出てきました。

⑥ （　　　）　葉のつけねからつぼみができました。

⑦ （　　　）　根、くき、葉が大きくなってきました。

⑧ （　　　）　植え木ばちにたねをまきました。

◎ 次の( )にあてはまる言葉を ☐ からえらびかきましょう。

(各4点)

(1) モンシロチョウのたまごは、(①) やアブラナの

葉のうらで見つけられます。たまごの色は (②)

で (③) 形をしています。

> 黄色　　細長い　　キャベツ

(2) アゲハのたまごは、(①) や (②) やカ

ラタチの木の葉をさがすと見つけられます。たまごの色

は (③) で、(④) 形をしています。

> ミカン　　サンショウ　　黄色　　丸い

(3) モンシロチョウのたまごから出てきたよう虫の色は

(①) で、食べ物の葉を (②)

ように食べて、からだの色は (③) にか

わります。

> かじる　　緑色　　黄色

次の（　　）にあてはまる言葉を □ からえらびかきましょう。

（各4点）

(1) モンシロチョウの（①　　　　　　）がついている葉ごととってきます。ようきに（②　　　　　　）でしめらせた紙を入れ、その上に葉をおきます。（③　　　　　　）のあいたふたをかぶせます。

あな　　たまご　　水

(2) たまごから（①　　　　　　）になったら毎日、食べのこしやふんを（②　　　　　　）し、新しい（③　　　　　　）にとりかえます。

葉　　よう虫　　そうじ

(3) よう虫を動かすときは、（①　　　　　　）にのせたまま動かします。また、（②　　　　　　）が、直せつあたるところに、ようきをおかないようにします。（③　　　　　　）が大きくなったら、ようきも（④　　　　　　）します。

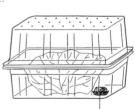

水でしめらせた
だっしめん

大きく　　日光　　葉　　よう虫

アゲハの育ち方です。図を見て、あとの問いに答えましょう。

(各5点)

⑦ 　　　⑦ 　　　⑦ 　　　⑦

(1) ⑦～⑦のそれぞれの名前を □ からえらびかきましょう。

⑦ （　　　　　　）　　　⑦ （　　　　　　）

⑦ （　　　　　　）　　　⑦ （　　　　　　）

> たまご　　せい虫　　よう虫　　さなぎ

(2) ⑦～⑦で食べ物を食べないときは、どのときですか。記号で
かきましょう。　　　　　　　（　　　　）（　　　　）

(3) アゲハのよう虫とせい虫の食べ物を □ からえらび、かき
ましょう。

よう虫：（① 　　　　　）の葉、サンショウの葉

せい虫：（② 　　　　　）のみつ

> ミカン　　花

月　日

点/40点

 モンシロチョウの一生を、図のように表しました。あとの問いに答えましょう。

(各5点)

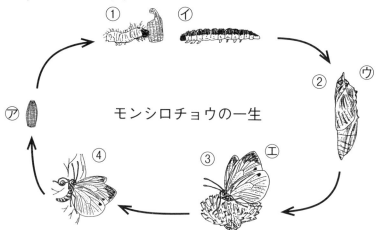

① ィ

② ウ

モンシロチョウの一生

⑦

④ ③ エ

(1)　⑦〜エのそれぞれの名前は何ですか。

⑦　（　　　　　　）　　　　ィ　（　　　　　　）

ウ　（　　　　　　）　　　　エ　（　　　　　　）

(2)　図の①〜④について、次の問いに答えましょう。

①は何をしていますか。　　　（　　　　　　　　　）

②のとき、食べ物は食べますか。　　（　　　　　　　）

③は、花にとまって何をすっていますか。（　　　　　）

④は、たまごをうんでいます。たまごをうむのは、ミカンの葉ですか、それともキャベツの葉ですか。　　（　　　　　）

月　　日

点/40点

❀　モンシロチョウとキアゲハについて、あとの問いに答えましょう。

(各4点)

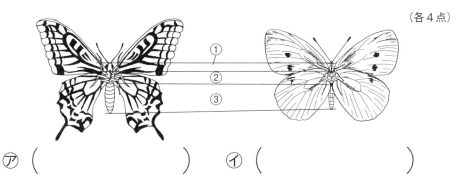

⑦ (　　　　　　　　　) 　⑦ (　　　　　　　　　)

(1) チョウの名前を⑦、⑦にかきましょう。

(2) 図の①〜③の部分の名前を □ からえらびかきましょう。

① (　　　　　) 　② (　　　　　) 　③ (　　　　　)

> 頭　　はら　　むね

(3) チョウのあしの数とはねの数をかきましょう。

① あし (　　　本) 　　　② はね (　　　まい)

(4) チョウのあしやはねは、からだのどの部分についています
か。正しいものに○をつけましょう。

① (　　) 頭　　② (　　) むね　　③ (　　) はら

(5) 頭の部分にあるものに○をつけましょう。

① (　　) 口　　　　　　② (　　) あし

③ (　　) はね　　　　　④ (　　) しょっ角

❀　図を見て、あとの問いに答えましょう。　　　　　（各4点）

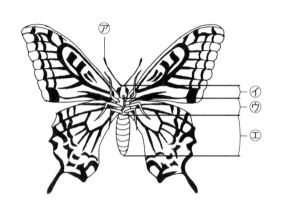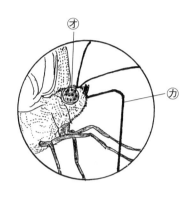

(1)　⑦～㋕は、からだのどの部分ですか。記号でかきましょう。

① 頭　　　　（　　　　）　　　② 口　　　　（　　　　）

③ むね　　　（　　　　）　　　④ はら　　　（　　　　）

⑤ しょっ角　（　　　　）　　　⑥ 目　　　　（　　　　）

(2)　目、しょっ角、はね、あしの数をかきましょう。

① 目　　　　（　　　　こ）　　② あし　　　（　　　　本）

③ しょっ角　（　　　　本）　　④ はね　　　（　　　　まい）

月　　日

点/40点

✿　次の(　　)にあてはまる言葉を ▢ からえらびかきましょう。

(各4点)

(1)　チョウのからだは、(① 　　　　)(② 　　　　)(③ 　　　　)
の3つの部分に分かれており、はらは、ふしになっていて
(④ 　　　　)ようになっています。

　また、口はあのように、(⑤ 　　　　)

のようになっており(⑥ 　　　　)を

すいます。

> 頭　　　むね　　　花のみつ
> はら　　ストロー　　曲がる

(2)　チョウは、(① 　　　　)や(② 　　　　)をはたらかせ
て、(③ 　　　　)をさがしたり、まわりの(④ 　　　　)
を感じとったりしています。

> 目　　きけん　　しょっ角　　食べ物

✿　図は、モンシロチョウのせい虫と、よう虫の口を表しています。次の（　　）にあてはまる言葉を □ からえらびかきましょう。

(各8点)

⑦
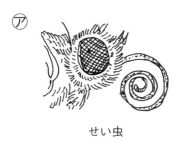
せい虫

⑦

よう虫

チョウのよう虫の口は図の（①　　　　）で、せい虫の口は、図の（②　　　　）です。

よう虫の口は（③　　　　　　）などを食べるので（④　　　　　）になっています。

せい虫の口は花のみつをすうので（⑤　　　　　　）のようになっています。

ストロー　　⑦　　⑦　　かむ口　　キャベツの葉

月　日

点/40点

◎　次の（　　　）にあてはまる言葉を □ からえらびかきましょう。

(各8点)

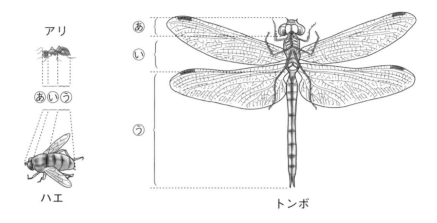

アリ

あいう

ハエ

あ

い

う

トンボ

　こん虫のからだは（①　　　　　）、むね、（②　　　　　）の3つ
の部分からできています。あしの数は6本で、からだの
（③　　　　　）の部分についています。

　トンボには、はねが（④　　　　　）ありますが、ハエのよう
にはねが（⑤　　　　　）のこん虫や、アリのようにはねがない
こん虫もいます。

┌─────────────────────────────┐
│　頭　　むね　　はら　　2まい　　4まい　│
└─────────────────────────────┘

32 こん虫のからだ②

月　　日

点/40点

◎　図を見て、あとの問いに答えましょう。　　　　　　　（各5点）

(1)　①〜③の部分の名前を □ からえらびかきましょう。

① （　　　　　　　）

② （　　　　　　　）

③ （　　　　　　　）

はら　　頭　　むね

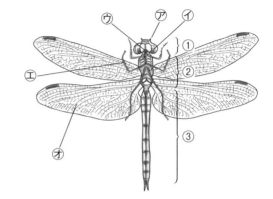

(2)　⑦〜⑰の名前を □ からえらび、その数もかきましょう。

⑦ （　　　　が　　　本）

⑦ （　　　　が　　　こ）

⑦ （　　　　が　　　こ）

⑦ （　　　　が　　　本）

⑦ （　　　　が　　　まい）

はね　　目　　あし　　口　　しょっ角

🌸　図を見て問いに答えましょう。 　　　　　　　　　　（各5点）

(1)　こん虫をえらび、□に番号で答えましょう。

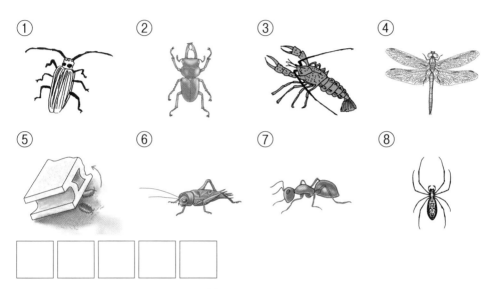

①　②　③　④

⑤　⑥　⑦　⑧

□ □ □ □ □

(2)　図は、こん虫のあしを表しています。このあしは、それぞれどんなことに使われますか。□から番号をえらびかきましょう。

㋐ カマキリ（　　　　）　㋑ セミ（　　　　）　㋒ バッタ（　　　　）

---
① 強くとぶ　　② 木につかまる　　③ えものをとらえる
---

34 こん虫のからだ④

月　日

点/40点

図は、こん虫の口を表しています。こん虫の口の使い方を下の3つに分け、記号をかきましょう。　　　（各5点）

⑦ セミ　　　　　④ カマキリ　　　　⑦ カブトムシ　　　⑤ バッタ

⑦ トンボ　　　　⑦ チョウ　　　　　⑨ カミキリムシ　　⑦ ハエ

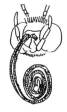

① すう　　（　　　）（　　　）

② なめる　（　　　）（　　　）

③ かむ　　（　　　）（　　　）（　　　）（　　　）

❀　次の(　　　)にあてはまる言葉を □ からえらびかきましょう。

(各5点)

(1)　秋の終わりに(① 　　　　　)の中にうみつけられたショウリョウ

バッタのたまごは、冬をこして、5〜6月ごろにたまごから

(② 　　　　　)がかえります。

　　かえったばかりのショウリョウバッタのよう虫は、はねが

短く小さいですが(③ 　　　　　)とよくにた形をしています。

何回か(④ 　　　　　)、夏には、せい虫になります。

> 土　　よう虫　　皮をぬいで　　せい虫

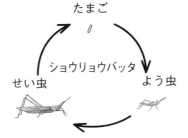

たまご

ショウリョウバッタ

せい虫　　　　　よう虫

(2)　ショウリョウバッタの一生と、にた一生をするこん虫に

(① 　　　　　)や(② 　　　　　)がいます。トンボのよう虫は

(③ 　　　　　)の中ですごし、セミのよう虫は(④ 　　　　　)の中

ですごします。

> トンボ　　セミ　　土　　水

◎　次の（　　）にあてはまる言葉を □ からえらびかきましょう。

(各5点)

カブトムシは、（① 　　　　　　　　）
のまじった土の中に、たまごをうみつ
けます。

よう虫

さなぎ

たまご　カブトムシ

せい虫

たまごがかえると（② 　　　　　　　）に
なります。（②）は、くさった葉のま
じった土や、やわらかいかれた木など
を食べて大きくなります。頭の部分が茶色で、ほかの部分は白い
色をしています。何度か（③ 　　　　　　　）大きくなり、やがて
（④ 　　　　　　　）になります。

（④）の色は、はじめは（⑤ 　　　　　　）ですが、だいだい色、
茶色となり、だんだん（⑥ 　　　　　　　）なります。（④）のから
がわれて、中から、カブトムシの（⑦ 　　　　　　）が出てきます。
カブトムシの一生は（⑧ 　　　　　　）の一生とにています。

| くさった葉 | 皮をぬいで | せい虫 | よう虫 |
| さなぎ | チョウ | 白い色 | 黒っぽく |

◎　図は、こん虫の名前と食べ物を表しています。①～④にこん虫の名前を、あ～えに食べ物を□からえらびかきましょう。

(各5点)

① (　　　　　　)	② (　　　　　　)
あ (　　　　　　)	い (　　　　　　)
③ (　　　　　　)	④ (　　　　　　)
う (　　　　　　)	え (　　　　　　)

(名前)

アキアカネ　　　アブラゼミ　　　モンシロチョウ
カブトムシ

(食べ物)

小さい虫　　花のみつ　　木のしる　　木のしる

❀ 次の(　　)にあてはまる言葉を □ からえらびかきましょう。

(各5点)

(1) こん虫には、チョウのように

たまご→(① 　　　　　　　)→(② 　　　　　　　)→せい虫

のじゅんに育つものと、バッタのように

たまご→(③ 　　　　　　　)→せい虫

のじゅんに育つものとがいます。

> よう虫　　よう虫　　さなぎ

(2) チョウのように育つものに(① 　　　　　　)がいて、そのよう虫は(② 　　　　　　)ですごします。

バッタのように育つものに(③ 　　　　　　)がいて、そのよう虫は(④ 　　　)とよばれ、(⑤ 　　　　　　)ですごします。

> トンボ　　クワガタ　　土の中　　水の中　　ヤゴ

❀ 次の(　　)にあてはまる言葉を□からえらびかきましょう。

（各4点）

(1) こん虫のからだの(① 　　　　　)や(② 　　　　　)や大きさは、しゅるいによってちがいます。また、すんでいるところや(③ 　　　　　)も、しゅるいによって(④ 　　　　　)。

> 色　　食べ物　　形　　ちがいます

(2) 花にとまっている(① 　　　　　)を見つけました。(①) は(② 　　　　　)にすんで、(③ 　　　　　)をすっています。

> アゲハ　　花のみつ　　野原

(3) 草の中に(① 　　　　　)を見つけました。(①) は(② 　　　　　)や石のかげにすんでいます。草やほかの(③ 　　　　　)などを食べています。

> 草　　コオロギ　　虫

◎　こん虫には水の中や、土の中にすむものもいます。次の（　　）にあてはまる言葉を [　　] からえらびかきましょう。

（各8点）

(1)　（① 　　　　）の中でタイコウチを見つけました。大きさは、やく（② 　　　　）ぐらいで、こん虫をつかまえて食べていました。からだの色は（③ 　　　　）をしていました。

> 水　　4cm　　こげ茶色

(2)　（① 　　　　）の中でクロヤマアリを見つけました。大きさは、やく（② 　　　　）ぐらいで、木の実などを食べていました。からだの色は黒色をしていました。

> 土　　5mm

41 こん虫のくらし③

🌀　図のこん虫のすみかについて、次の（　）にあてはまる言葉
を　　からえらびかきましょう。

① カブトムシの　② トノサマ　　　③ ショウリョウ
　　よう虫　　　　　　バッタ　　　　　　バッタ

（　　　　　）（　　　　　）（　　　　　）

④ ハナアブ　　　⑤ クワガタ

（　　　　　）（　　　　　）

| 草むら　　草むら　　土の中　　花のあるところ　　林 |

月　日

点/40点

次の（　　）にあてはまる言葉を　□　からえらびかきましょう。

（各8点）

　野原にすむトノサマバッタのからだの色は、ふつう
（①　　　　　）ですが、草の少ない地面にすんでいるものは、
（②　　　　　）をしています。

　これは、まわりの色にまじって（③　　　　　）から身をかくし
ているのです。

　また、（④　　　　　　）がとくにじょうぶで長くて、大きく
（⑤　　　　　）することができます。

茶色　　緑色　　後ろあし　　ジャンプ　　てき

月　　日
点/40点

❀　次の（　）にあてはまる言葉を□□からえらびかきましょう。

(各5点)

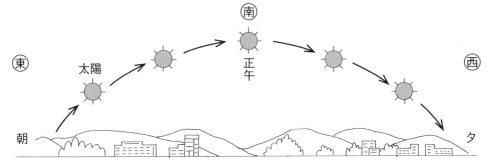

(1) 太陽は（①　　　　）から出て（②　　　　）の高いところを通り、（③　　　　）にしずみます。（④　　　　）が動くとかげの向きもかわります。

> 太陽　西　東　南

(2) かげは、（①　　　　）をさえぎるものがあると太陽の（②　　　　）にできます。日時計は、太陽が動くと（③　　　　）の向きがかわることをりようしたものです。かげの向きで（④　　　　）を読みとります。

> かげ　時こく　反対がわ　日光

✿　かげふみ遊びの絵を見て、あとの問いに答えましょう。

（各8点）

(1) かげの向きが正しくない人が2人います。何番と何番ですか。

（　　　）と（　　　）

(2) かげのできない人が2人います。何番と何番ですか。

（　　　）と（　　　）

(3) 木のかげは、このあと矢じるしの方向へ動きます。
たてもののかげは、このあと⑦、⑦のどちらへ動きますか。

（　　　）

45 日なたと日かげ①

月　　日

点/40点

◎　図のように、日なたと日かげの
地面のようすのちがいを調べまし
た。あとの問いに答えましょう。

（各8点）

(1)　⑦と⑦とどちらがあたたかいで
すか。　　　　　（　　　　）

(2)　地面のあたたかさのちがいを、
はっきりさせるために何か道具を
使います。図◎の道具の名前をか
きましょう。　　（　　　　　　　）

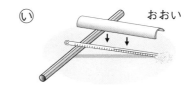

おおい

(3)　次の（　　　）にあてはまる言葉を □ からえらびかきましょう。

日なたは（①　　　　　　　）があたるので日かげより明るく、地面

のしめりぐあいは（②　　　　　　　）います。

> かわいて　　　日光

(4)　図⑧は午前10時のかげです。午後になると⑦の部分は、日な
たのままですか。それとも日かげになりますか。

（　　　　　　　　　　　　）

46 日なたと日かげ②

月　　日

点/40点

日なたと日かげの地面の温度を右のように記ろくしました。次の（　）にあてはまる言葉を▢からえらびかきましょう。

（各5点）

午前10時		正　午	
日なた	日かげ	日なた	日かげ

(1) （① 　　　　　）を使って午前

（② 　　　）と、（③ 　　　）

の地面の温度を記ろくしました。

┌─────────────────┐
│　正午　　10時　　温度計　│
└─────────────────┘

(2) 午前10時の日なたの温度は（① 　　　　）、日かげの温度は

（② 　　　）です。

正午の日なたの温度は25℃、（③ 　　　　）の温度は20℃です。

地面は（④ 　　　）によってあたためられるから、日なたの

方が日かげよりも地面の温度が（⑤ 　　　）なります。

┌──────────────────────────────┐
│　高く　　日かげ　　16℃　　18℃　　日光　│
└──────────────────────────────┘

月　　日

点/40点

1 図のように、⑦、⑦、⑦に水を同じりょ
うだけまきました。 （各5点）

南

(1) まいた水が速くかわくじゅんに、記号
をかきましょう。

（　　）→（　　）→（　　）

(2) ⑦と⑦では、どちらの地面の温度が高いですか。（　　　）

(3) ⑦の場所はこれから、日のあたり方はどうなりますか。
①～③からえらび、○をつけましょう。

①（　　） 全部太陽があたるようになります。

②（　　） 全部太陽があたらなくなります。

③（　　） 太陽のあたり方はかわりません。

2 次の温度計を読みましょう。近い方の目もりを読みましょう。

（各5点）

①

②
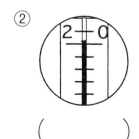

③
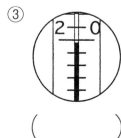

（　　　）　　　　　　（　　　）　　　　　　（　　　）

❀　7月の晴れた日、校庭（こうてい）に出ました。

次（つぎ）のことがらが、日なたのことには○、日かげのことには△
をつけましょう。

(各4点)

① （　　） 地面（じめん）をさわるとつめたくて、少ししめっている。

② （　　） 明るくて、地面にふれてみると、あたたかい。

③ （　　） 日光があたり、地面はかわいている。

④ （　　） 日光があたらず、暗（くら）い。

⑤ （　　） 地面に自分のかげがうつらない。

⑥ （　　） 地面に自分のかげがうつる。

⑦ （　　） 日ざしの強いときは、ここがすずしい。

⑧ （　　） 夜にふった雨が速（はや）くかわく。

⑨ （　　） 太陽（たいよう）がてらしているところ。

⑩ （　　） かげふみ遊（あそ）びができない。

❀　かがみで日光をはね返して、かべにうつします。次の（　　）
にあてはまる言葉を□からえらびかきましょう。　　（各5点）

(1)　かがみは（①　　　　　）をはね返すことができ、その光はまっ
すぐ進みます。そして、光のあたったところは（②　　　　　）
なります。

　　太陽を直せつ見ると（③　　　　　）をいためます。だから、は
ね返った光を、人の（④　　　　　）にあててはいけません。

目　　顔　　日光　　明るく

(2)　丸いかがみで日光をはね返すと
（①　　　　　）く、四角いかがみなら
（②　　　　　）く、三角のかがみなら
（③　　　　　）にうつります。

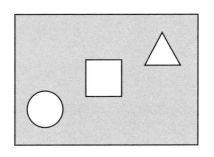

　　かがみを左の方にかたむけると、はね返された日光は
（④　　　　　）に動きます。

左　　四角　　三角　　丸

50 光の進み方②

@ 次の（　）にあてはまる言葉を◻️からえらびかきましょう。

(各5点)

(1) （①　　　　　）は、まっすぐ進み、かがみにあたると
（②　　　　　）ます。三角形のかがみで日光をはね返すと
かべに（③　　　　　）の光がうつり、かがみが四角形なら
（④　　　　　）の光がうつります。

```
はね返り    四角形    三角形    日光
```

(2) 図で、かがみを上に向けると、Ⓐは（①　　　　　）の方向に動
き、右にかたむけるとⒶは（②　　　　　）の方向に動きます。

Ⓐをオのところに動かすには、
かがみを（③　　　　　）にかたむけ
るとよいです。Ⓐのところは、明
るく（④　　　　　　　）です。

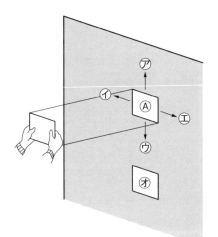

```
あたたかい    下    ㋐    ㋔
```

かがみを使って、光をはね返しています。次の(　　)にあてはまる言葉や数を ▢ からえらびかきましょう。　　(各5点)

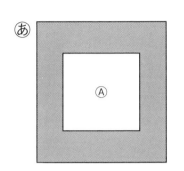

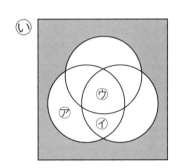

あは(① 　　　　)かがみが(② 　　　　)まいで、いは丸い
かがみが(③ 　　　　)まいのときの図です。

あのⒶと同じ明るさは、いでは(④ 　　　　)です。また、⑦
はかがみ(⑤ 　　　　)まい、⑰は(⑥ 　　　　)まいで光をはね
返したときの明るさです。

光のはね返しを集めるほど(⑦ 　　　　)なり、温度は
(⑧ 　　　　)なります。

1	2	3	3	⑦
高く		明るく		四角い

月　　　日

点/40点

❀　丸いかがみを3まい、四角いかがみを2まい使って、図のように、日かげのかべに日光をはね返しました。あとの問いに答えましょう。

(各8点)

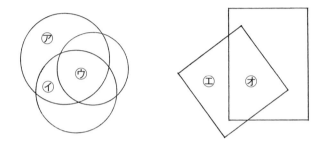

(1) ⑦～⑦の中で、一番明るいのはどこですか。　　（　　　）

(2) ⑦～⑦の中で、一番あたたかいのはどこですか。　（　　　）

(3) ⑦と同じ明るさになっているのは、⑦～⑦のどこですか。

（　　　）

(4) 丸いかがみの方で、⑦と同じ明るさのところは、⑦とはべつに何こありますか。　　　　　　　　　　　　（　　　）

(5) 丸いかがみの方で、⑦と同じ明るさのところは、⑦とはべつに何こありますか。　　　　　　　　　　　　（　　　）

月　　日

点/40点

❀　虫めがねで、黒い紙に日光を集めています。次の（　　）にあてはまる言葉を ☐ からえらびかきましょう。

（各5点）

⑦　　　　　　　　　　⑦　　　　　　　　　　⑦

(1)　虫めがねを使うと（①　　　　　　）を集めることができます。

⑦から⑦のように、虫めがねを近づけると、明るいところは（②　　　　　　）なります。⑦から⑦のように、虫めがねを遠ざけると、明るいところはいったん（③　　　　　　）なり、それをすぎるとまた（④　　　　　　）なります。

日光　　小さく　　大きく　　大きく

(2)　明るさは、⑦〜⑦の中で（①　　　　　　）が一番明るくなります。明るいところの大きさが、（②　　　　　　）なるほど、（③　　　　　　）なり、（④　　　　　　）が高くなります。

温度　　小さく　　⑦　　明るく

月　日

点/40点

🌸　虫めがねで日光を集めています。次の（　　　）にあてはまる言葉を□からえらびかきましょう。

（各5点）

あ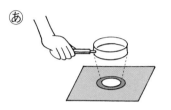　　い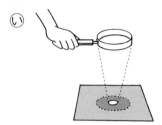

(1)　あの虫めがねを紙に近づけると、明るいところは

（① 　　　　　　　　）なり、少し遠ざけると、明るいところは

（② 　　　　　　　　）なります。明るいところが小さいほど、そこの

温度は（③ 　　　　　）なります。

　　あの虫めがねを遠ざけて、いのようにすると、明るいところは小さくなり、明るさは、さらに（④ 　　　　　　　）なります。

> 高く　　明るく　　小さく　　大きく

(2)　（① 　　　　　　　）虫めがねは、（② 　　　　　）を多く集めるので、小さい虫めがねより明るさは、（③ 　　　　　）なります。

　　また、その温度は（④ 　　　　　）なります。

> 高く　　日光　　明るく　　大きい

✿　明かりをつけるものを集めました。

　図を見て、次の(　　)にあてはまる言葉を □ からえらび

かきましょう。

(各8点)

① (　　　　　　　　)

まめでんきゅう
豆電球

② (　　　　　　　)

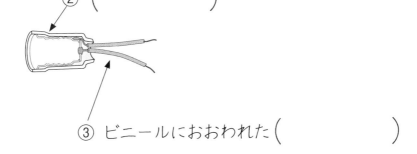

③ ビニールにおおわれた(　　　　　　　)

④ (　　きょく)

かん電池

⑤ (　　きょく)

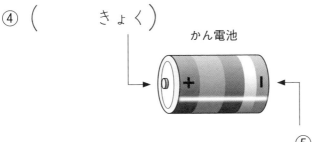

```
ソケット    フィラメント    ＋    －    どう線
```

56 明かりをつけよう②

◎ 図を見て、次の（　）にあてはまる言葉を □ からえらび
かきましょう。

(各8点)

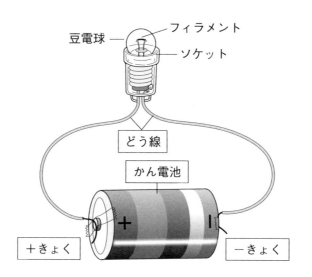

豆電球 — フィラメント
— ソケット
どう線
かん電池
＋きょく
－きょく

　かん電池の（① 　　　）きょく、豆電球、かん電池の－き
ょくを（② 　　　）でつなぐと、電気の（③ 　　　）がで
きます。すると、電気が（①）きょくから出て、豆電球の中
の（④ 　　　）を通り、かん電池の－きょくへと流れ
ます。この電気の（③）のことを（⑤ 　　　）といいます。

┌─────────────────────────────┐
　どう線　　通り道　　フィラメント　　＋　　回路
└─────────────────────────────┘

月　　日

点/40点

🌸　図を見て、次の（　　）にあてはまる言葉を[　]からえらび
かきましょう。

（各8点）

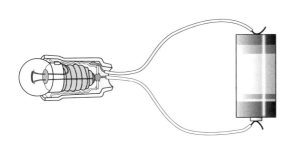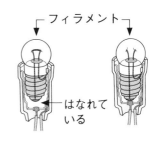

フィラメント

はなれて
いる

豆電球の明かりがつかないときには、次のようなところを
たしかめます。

豆電球のねじり方が（①　　　　　　　　）いないか。

豆電球の（②　　　　　　　　）が切れていないか。

かん電池の（③　　　　　　　　）にどう線がきちんと
（④　　　　　　　　）いるか。

など、（⑤　　　　　　　）がきちんとつながっているか、たしかめ
ます。

| きょく | 回路 | ゆるんで | ついて | フィラメント |

図を見て、豆電球に明かりがつくものには○を、つかない
ものには×をかきましょう。

(各8点)

① （　　　）

② （　　　）

③ （　　　）

切れている

④ （　　　）

⑤ （　　　）

電気を通すものと通さないものを調べるじっけんをしました。図を見て問いに答えましょう。　　　　　　　　　（各5点）

図の⑦、⑦のあいだに、次のものをつなぎました。

明かりがつくものには○を、つかないものには×をかきましょう。

① 　　（　　）

くぎ

② 　　（　　）

100円玉

③ 　　（　　）

鉄のはさみ

④ 　　（　　）

ノート

⑤ 　　（　　）

木のわりばし

⑥ 　　（　　）

けしゴム

⑦ 　　（　　）

ガラスコップ

⑧ 　　（　　）

アルミのじょうぎ

◎ 次の（　　）にあてはまる言葉を □ からえらびかきましょう。

(各5点)

(1) 明かりがつくものは、鉄や銅、（① 　　　　）などの
（② 　　　　）とよばれるものでできています。これらは電気
を（③ 　　　）せいしつがあります。

ビニールにおおわれたどう線は、ビニールを（④ 　　　　）
使います。

> 金ぞく　　アルミニウム　　はがして　　通す

(2) 明かりがつかないものは（① 　　　）や（② 　　　　）、プ
ラスチックや木などでできています。これらは電気を
（③ 　　　）ません。

アルミかんにぬってあるペンキも、電気を（④ 　　　）ませ
ん。

> 通し　　通し　　紙　　ガラス

61 電気を通すもの・通さないもの③

◎　図のように、かん電池と豆電球とジュースのかん（スチールかん）をどう線でつなぎます。次の（　　）にあてはまる言葉を　　からえらびかきましょう。

(各5点)

(1)　**あ**のようにつなぎました。

豆電球の明かりは（①　　　　　　　）。

（②　　　　　　　　）の表面には、

（③　　　　　　　）などがぬってあるので

（③）は電気を（④　　　　　　　）。

> 通しません　　つきません　　ペンキ　　スチールかん

(2)　**い**のように、ジュースのかんの

（①　　　　　　）を紙やすりでみがくと、

⑦のように（②　　　　　　）の部分が

あらわれました。

（②）は電気を（③　　　　　）ので、

明かりは（④　　　　　　）。

> 金ぞく　　表面　　通す　　つきます

❀　図を見て、明かりのつくものを4つえらび、○をつけましょう。

（各10点）

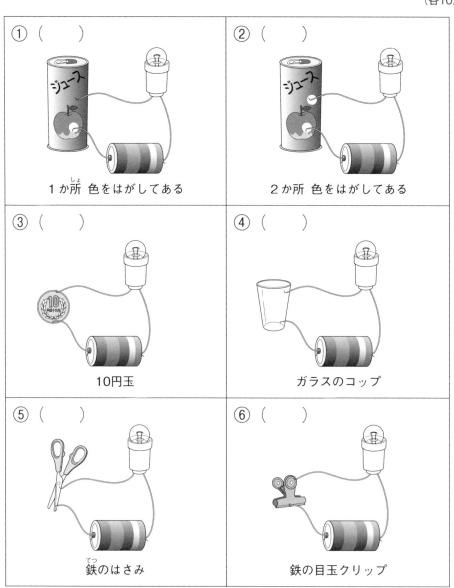

① （　　）
1か所 色をはがしてある

② （　　）
2か所 色をはがしてある

③ （　　）
10円玉

④ （　　）
ガラスのコップ

⑤ （　　）
鉄のはさみ

⑥ （　　）
鉄の目玉クリップ

⊛　次の（　　）にあてはまる言葉を□からえらびかきましょう。

(各5点)

(1)　じしゃくは、(① 　　　　　)でできたものを引きつけます。

　　ガラスや(② 　　　　)、プラスチックなどはじしゃくにつきません。

　　また、(③ 　　　　　　)や(④ 　　　　　)などの鉄いがいの金ぞくも、じしゃくにつきません。

> 紙　　鉄　　アルミニウム　　銅

(2)　じしゃくは、ちょくせつ(① 　　　　　　)いなくても、(② 　　　　)を引きつけます。また、図のように、あいだにプラスチックなどじしゃくに(③ 　　　　　　)ものをはさんでも鉄を(④ 　　　　　　)。

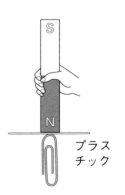

プラスチック

> つかない　　ふれて　　鉄　　引きつけます

月　　　日

点/40点

❀　図を見て、次の（　　　）に紙を㋕、木を㋖、プラスチックを㋐、鉄を㋢、鉄いがいの金ぞくを㋑と記号をかいてなかま分けしましょう。

(各5点)

① （　　　）

アルミホイル

② （　　　）

目玉クリップ（鉄）

③ （　　　）

おりがみ

④ （　　　）

プラスチックのじょうぎ

⑤ （　　　）

鉄のくぎ

⑥ （　　　）

アルミかん

⑦ （　　　）

えんぴつ

⑧ （　　　）

5円玉

月　　日

点/40点

❀　次の図を見て、じしゃくにつくものには○を、つかないもの
には×をかきましょう。

(各4点)

① （　　　）ゆのみ（土）	② （　　　）アルミホイル	③ （　　　）目玉クリップ（鉄）
④ （　　　）鉄のはさみ	⑤ （　　　）10円玉	⑥ （　　　）くつ（ぬの）
⑦ （　　　）本	⑧ （　　　）鉄のくぎ	⑨ （　　　）アルミかん
⑩ （　　　）虫めがね（ガラス）		

月　　　日

点/40点

📍 図を見て、じしゃくに近づけてはいけないものに×をつけましょう。

(各10点)

① (　　　)

ホッチキスのはり

② (　　　)

じきカード

③ (　　　)

10円玉（銅）

④ (　　　)

パソコン

⑤ (　　　)

ゼムクリップ

⑥ (　　　)

じきのきっぷ

⑦ (　　　)

時計

⑧ (　　　)

わりばし

(1) 図を見て、次の(　　　)にあてはまる言葉を□からえらび
かきましょう。

(各5点)

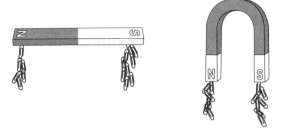

じしゃくがもっとも強く鉄を引きつける(① 　　　　　)の部
分を(② 　　　　　)といいます。

どんな形や大きさのじしゃくにも(③ 　　　　　)と
(④ 　　　　　)があります。

> Nきょく　　Sきょく　　きょく　　両はし

(2) 図のように、2つのじしゃくを近づけたときに、引き合うも
のには○、しりぞけ合うものには×をつけましょう。

①(　　　)　　　　　　　　②(　　　)

③(　　　)　　　　　　　　④(　　　)

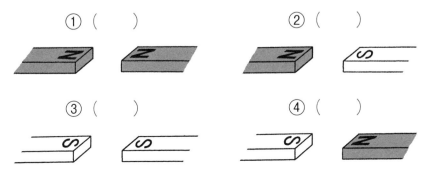

🌹　丸いドーナツがたのじしゃくが２つあります。１つはぼうを通して下におきます。もう１つをぼうの上の方から落とします。

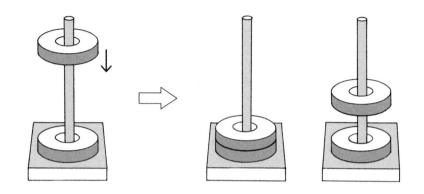

次の文で、正しいものには○を、まちがっているものには×をつけましょう。

(各10点)

① (　　)　上のじしゃくが、下のじしゃくにくっつくときは、ちがうきょくが向き合っています。

② (　　)　上のじしゃくが、下のじしゃくにくっつかずにういているときは、ちがうきょくが向き合っています。

③ (　　)　上のじしゃくが、下のじしゃくにくっつくときは、同じきょくが向き合っています。

④ (　　)　上のじしゃくが、下のじしゃくにくっつかずにういているときは、同じきょくが向き合っています。

❀ 次の（　　）にあてはまる言葉を □ からえらびかきましょう。

(各8点)

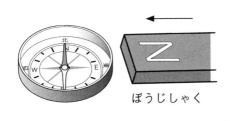

ぼうじしゃく

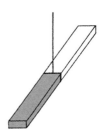

　方いじしんは、じしゃくの（①　　　　）を自由に動けるようにしておくと、（②　　　　）きょくが北をさすせいしつがあることをりようした道具です。

　この北をさしている方いじしんに、図のように横からぼうじしゃくを近づけると方いじしんの北をさしているはりは（③　　　　）をさしました。これは、ぼうじしゃくのNきょくがはりの（④　　　　）きょくを引きつけたからです。

　このように、方いじしんの近くに（⑤　　　　）があると、正しい方いを知ることができなくなります。

| N | S | じしゃく | 西 | はり |

❀ 次の(　　)にあてはまる言葉を □ からえらびかきましょう。

(各8点)

㋐

鉄くぎ

図㋐のように、しばらくじしゃくについていた鉄くぎは、じしゃくからはなしても(①　　　　　　)になります。

㋑

鉄くぎ

図㋑のように、じしゃくで鉄くぎを(②　　　　　　)も、じしゃくになります。

㋒

鉄くぎ

図㋒のように、じしゃくになった鉄くぎを(③　　　　　　)に近づけると、はりが引きつけられます。

この鉄くぎにも(④　　　　)きょくと(⑤　　　　)きょくがあります。

```
じしゃく　　Ｎ　　Ｓ　　方いじしん　　こすって
```

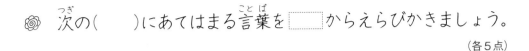
71 風のはたらき①

◎ 次の( )にあてはまる言葉を ☐ からえらびかきましょう。

(各5点)

(1) ローソクの火を、息をふいて、(① 　　　　)ことができます。風には台風のように木を(② 　　　　)たり、屋根のかわらを(③ 　　　　)たりするような(④ 　　　　)もあります。

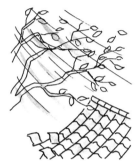

> 強い力　消す　たおし　とばし

(2) 風の力をりようしたものに(① 　　　　)のような船、プロペラを回して(② 　　　　)をつくる風力発電き、ゴミをすいこむ(③ 　　　　)などがあります。

また、風の(④ 　　　　)を調べるものに、風向計というものがあります。

> 電気　ヨット　そうじき　向き

月　日

点/40点

◎　図のような風船のはたらきで動く車をつくりました。次の
（　　）にあてはまる言葉を □ からえらびかきましょう。

（各8点）

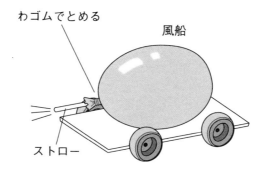

わゴムでとめる

風船

ストロー

風船は（①　　　　　）でできています。

そこに、（②　　　　）を入れると、ふくれた（①）が（②）
をおし出そうとします。

風船を大きくふくらませると、たくさんの空気がおし出され
るいきおいで、（③　　　　）まで走ります。また、おし出す力
が（④　　　　）ほど、車は（⑤　　　　　）走ります。

> 強い　　ゴム　　遠く　　速く　　空気

73 ゴムのはたらき①

月　　　日

点/40点

ゴムの力をりようしたおもちゃをつくりました。あとの問いに答えましょう。

(各4点)

⑦ (　　　)　　　　⑦ (　　　)　　　　⑦ (　　　)　　　　⑦ (　　　)

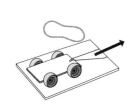
ひっぱっておいて、はなすと動く

ひもをひっぱって、はなすと動く

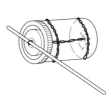
ねじっておいて、はなすと動く

おりまげておいて、はなすとはねる

(1) 上の図で、ゴムののびちぢみをりようしたものに⑩、ねじれの力をりようしたものに⑫を(　　　)にかきましょう。

(2) 次の(　　　)にあてはまる言葉を □ からえらびかきましょう。

ゴムには (① 　　　　　) たり、ちぢんだり、(② 　　　　　) たり、元にもどったりして、ものを (③ 　　　　　) 力があります。

⑦の車では、ゴムを (④ 　　　　　) のばすほど、その力は (⑤ 　　　　　) なります。⑦の車では、ゴムをたくさん (⑥ 　　　　　) ほどその力は大きくなります。

ねじる　　長く　　大きく　　動かす　　のび　　ねじれ

月　日

点/40点

◎　次の( )にあてはまる言葉を ☐ からえらびかきましょう。

(各5点)

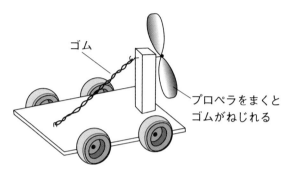

ゴム

プロペラをまくと
ゴムがねじれる

(1)　プロペラのはたらきで動く車は、ねじれた (① 　　　) が

(② 　　　　　) 力をりようして、(③ 　　　　) を回

し、(④ 　　　　) を起こして動きます。

> 風　　プロペラ　　元にもどる　　ゴム

(2)　走る (① 　　　　) やきょりは、わゴムの数や (② 　　　　)

によってちがいます。

　プロペラをまいてゴムに力をためます。プロペラをまく

(③ 　　　) が多いほど (④ 　　　) まで進みます。

> 回数　　強さ　　遠く　　速さ

75 音のつたわり方①

。 次の(　　　)にあてはまる言葉を □ からえらびかきましょう。

(各5点)

(1) じっけん１のように、トライアングルを
(①　　　　　)、音を出し、水の入った水そ
うに入れました。すると、(②　　　　)が、
ふるえて(③　　　　)が起こりました。

じっけん１

トライアングル

> 水　　たたき　　波

(2) じっけん２のような用具をつくり、ピ
ンとはった(①　　　　)を指で
(②　　　　)ました。するとわゴムが
(③　　　　)音が出ました。

じっけん１～２で(④　　　　)たたい
たり、大きくはじいたりすると、どれも
(⑤　　　　)音になりました。大きな

じっけん２
ひご

わゴム

音は、小さな音にくらべて、ふるえ方が大きくなりました。

> はじき　　わゴム　　大きな　　強く　　ふるえて

月　日

点/40点

次の（　　）にあてはまる言葉を [　] からえらびかきましょう。

（各5点）

(1) 大だいこの**あ**のがわをたたき、反対がわ
の**い**のようすを手をあてて調べました。

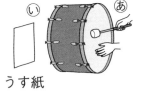

うす紙

　いのがわは、**あ**のがわと（① 　　　　）よ
うにふるえていました。**い**のがわにおいた
（② 　　　　　）も同じようにふるえていました。

　このように（③ 　　　　）を出すものは（④ 　　　　　）が空気
中をつたわることがわかりました。

> 同じ　　ふるえ　　音　　うす紙

(2) 鉄ぼうなど（① 　　　　　）でできたものを軽
く（② 　　　　　）、はなれたところでも、
音はよくつたわりました。

　糸電話のじっけんをしました。糸が
（③ 　　　　　）、とちゅうを指でつまん

だりすると聞こえにくくなりました。それは
糸のふるえが（④ 　　　　　）にくくなるからです。

> 金ぞく　　たるんだり　　つたわり　　たたくと

77 音のつたわり方③

◎ 次の(　　)にあてはまる言葉を □ からえらびかきましょう。

(各5点)

(1) 音は、音を出すものの

(① 　　　　　)が空気につたわると

耳にとどき、聞こえます。

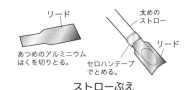

リード
太めの
ストロー
あつめのアルミニウム
はくを切りとる。
セロハンテープ
でとめる。
リード
ストローぶえ

　　右のような(② 　　　　　)では口から出た(③ 　　　)

がアルミはくでできたリードをふるわせて、そのふるえが

(④ 　　　)につたわって耳にとどきます。

空気　　ふるえ　　ストローぶえ　　息

(2) 山やたて物に向かって大きな声を出すと(① 　　　　　)が返

ってくることがあります。これは、音にはかべのようなものに

あたると、(② 　　　　　)せいしつがあるからです。

　　高速道路では、長いかべがたくさん見られます。これは、

(③ 　　　　　)の音をかべではね返してそう音ぼう止をしてい

るのです。

　　音楽ホールでは、かべや(④ 　　　　　)にいろいろなくふ

うをして音が美しく聞こえるようにしてあります。

はね返る　　こだま　　天じょう　　走る車

月　日

点/40点

(1) お寺のかねの音がだんだん弱まるようすを考えましょう。次の文の(　)にそのじゅん番をかきましょう。　　　　(各5点)

① (　　　)　かねつきぼうでかねをたたく。

② (　　　)　かねのふるえがじょじょに小さくなる。

③ (　　　)　かねが大きくふるえて音がひびく。

④ (　　　)　ふるえが止まり、音もなくなる。

(2) 図を見て、あとの問いに答えましょう。　　　　(各5点)

　右の図は、げんを強くはじいたものと、弱くはじいたものを表しています。

① 強くはじいたのはどちらですか。　　　(　　　)

② 弱くはじいたのはどちらですか。　　　(　　　)

③ 音が大きいのはどちらですか。　　　　　　　　　(　　　)

④ 音は、げんがどうなることでできますか。

　　　　　　　　　　　　　　　　　(　　　　　　　)

✿ 次の（　　）にあてはまる言葉を □ からえらびかきましょう。

(各8点)

電子てんびん

台ばかり

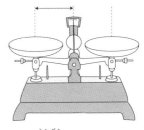

上皿てんびん

　のせたものの重さを調べ、重さが数字で表れるのは、

（① 　　　　　　　　）や（② 　　　　　　　　）です。

　また、2つのものをのせて、重さをくらべるときに使うのは

（③ 　　　　　　　　）です。

　これは左右の（④ 　　　　　）がちがうと重い方が下がります。

そして、左右の重さが同じときは、（⑤ 　　　　　）になって止まります。

```
重さ　　電子てんびん　　　台ばかり
上皿てんびん　　　水平
```

🌸　図のように、ねん土、きゅうり、ビスケットを、形をかえて
<ruby>重<rt>おも</rt></ruby>さをはかりました。

重さは、㋐～㋒のどれになりますか。（　　）に答えましょう。

(各10点)

(1)　ねん土

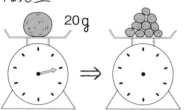

㋐（　　）20gより重い

㋑（　　）20gちょうど

㋒（　　）20gより<ruby>軽<rt>かる</rt></ruby>い

(2)　ねん土

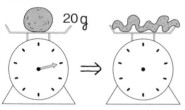

㋐（　　）20gより重い

㋑（　　）20gちょうど

㋒（　　）20gより軽い

(3)　きゅうり

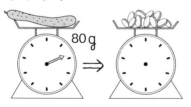

㋐（　　）80gちょうど

㋑（　　）80gより重い

㋒（　　）80gより軽い

(4)　ビスケット

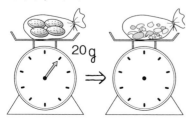

㋐（　　）20gちょうど

㋑（　　）20gより重い

㋒（　　）20gより軽い

81 もの の 重さ③

◎ 図のようなじっけんをしました。次の中から正しいものをえ
らび○をつけましょう。

(各10点)

(1) ビーカーと水で100g

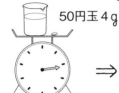 50円玉4g

⑦( ) 104gより軽い
⑦( ) 104gより重い
⑦( ) 104g

(2) ビーカーと水で100g

 あめ玉4g

⑦( ) 104g
⑦( ) 104gより重い
⑦( ) 104gより軽い

(3) ビーカーと水で100g

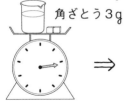 角ざとう3g

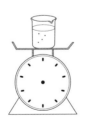

⑦( ) 103g
⑦( ) 100gより重い
⑦( ) 100g

(4) ビーカーと水で100g

 木ぎれ5g

⑦( ) 105gより軽い
⑦( ) 105g
⑦( ) 105gより重い

月　　日

点/40点

😊　同じ体せきで、木、鉄、ねん土、発ぽうスチロールでできたものの重さをくらべました。あとの問いに答えましょう。

（各5点）

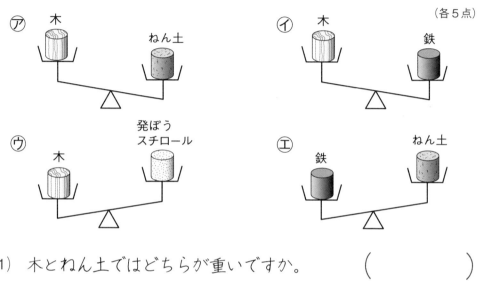

(1)　木とねん土ではどちらが重いですか。　　　（　　　　　）

(2)　木より軽いものは何ですか。　　　（　　　　　）

(3)　鉄とねん土では、どちらが重いですか。　　　（　　　　　）

(4)　木と鉄では、どちらが軽いですか。　　　（　　　　　）

(5)　次の（　　）に重いじゅんに番号をかきましょう。

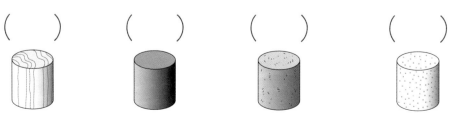

83 体せきとものの重さ①

✿ 次の( )にあてはまる言葉を □ からえらびかきましょう。

(各10点)

同じような大きさの消しゴム⑦、⑦があります。

⑦ 　　⑦

この2つの消しゴムの体せきを調べるじっけんをしました。

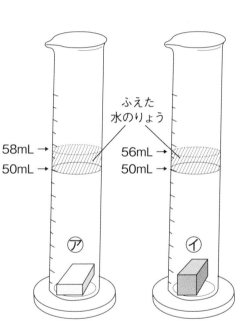

ふえた
水のりょう

58mL → 　56mL →
50mL → 　50mL →

⑦　　⑦

(じっけん)

メスシリンダーに水を(①)入れておき、それぞれの消しゴムをしずめます。そして、(②)水のりょうをはかります。

⑦の消しゴムは8mLふえて、⑦は(③)ふえました。⑦の方が、ふえたりょうが多いので、(④)が大きいことになります。

┌─────────────────────────────────┐
　ふえた　　6mL　　体せき　　50mL
└─────────────────────────────────┘

84 体せきとものの重さ②

① 図のような同じ体せきのアルミニウム、木、発ぽうスチロールがあります。それぞれ何でしょう。　（各8点）

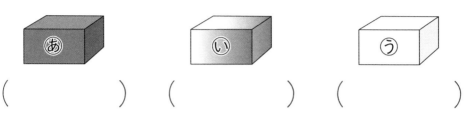

（　　　　　　）（　　　　　　）（　　　　　　）

(1) あとうが水に入れるとうかびました。

(2) いとうをてんびんにかけると、いの方が下がりました。

(3) あとうをてんびんにかけると、あの方が下がりました。

② 同じ体せきの3つのものの重さをくらべます。　（各8点）

(1) 水の入ったメスシリンダーにしずめたら、どれも水が、ふえました。鉄の玉は1mLふえました。

ビー玉は何mLふえましたか。

（　　　　　　）

鉄の玉　ビー玉　木の玉
1mL

(2) 木の玉は水にうきました。ビー玉はしずみました。どちらが重いですか。

（　　　　　　　）

こたえ

1 かんさつのしかた①

① 題名 　　② 日時
③ 場所 　　④ 気がついたこと

2 かんさつのしかた②

(1) ① 筆記用具
　　② かんさつカード
　　③ あみ 　　　④ 虫かご
　　　　（①, ②のじゅんばんは自由）
(2) ① 虫めがね 　② 形
　　③ 大きさ 　　④ 思ったこと
　　　　（②, ③のじゅんばんは自由）

3 植物やこん虫のかんさつ①

(1) ハルジオン 　(2) 野原
(3) 晴れ 　(4) さとうめぐみ さん
(5) ① 人 　　② おったり
　　③ 日光 　④ 高い

4 植物やこん虫のかんさつ②

(1) アリ 　　(2) 花だんの近く
(3) ５月18日午前９時 　(4) 晴れ
(5) ① 地面 　② 力
　　③ エサ 　④ 行列

5 植物やこん虫のかんさつ③

(1) ホトケノザ 　(2) 公園
(3) ４月20日午前10時
(4) 上田一ろう さん
(5) ① ２まい 　　② 赤むらさき色
　　③ 20cm 　　④ 人

6 植物やこん虫のかんさつ④

(1) 見つけにくいカマキリ
(2) ６本 　(3) 小さい虫
(4) ① 緑色 　② 草原の色

7 しぜんのようす①

(1) ① 日光 　　② 草たけ
　　③ 高く 　　④ 人や車
　　⑤ ハルジオン
(2) ① じょうぶ 　② タンポポ
　　③ ハルジオン

8 しぜんのようす②

(1) ① 石 　　　② 暗い
　　③ アブラムシ 　④ だいだい色
(2) ① アブラナの花 　② ストロー
　　③ みつ 　　④ 木のしる

⭐9 虫めがねの使い方

(1) ① 手 ② 虫めがね
　　③ 目 ④ 見るもの
(2) ① 見るもの ② 虫めがね
　　③ 太陽 ④ 目

⭐10 方いじしんの使い方

(1) ① はり ② 北
　　③ 回し ④ 方い
(2) ① 北 ② 東
　　③ 西 ④ 南

植物の成長を学習します。
「根・くき・葉」などの植物のつくり
と、育ち方をおぼえましょう。

⭐11 たねまきとめばえ①

(1) ① たがやして ② たっぷり
　　③ かわかない
(2) ① 日づけ ② ふだ
(3) ① め ② 子葉
　　③ 本葉

⭐12 たねまきとめばえ②

① ⓘ ② め
③ 大きく ④ ⓐ
⑤ 土 ⑥ 水
⑦ たね ⑧ ひりょう

⭐13 たねまきとめばえ③

(1) ① 大きさ ② 形
　　③ 大きい ④ 子葉
　　　　（①，②のじゅんばんは自由）
(2) ① 2 ② 1つぶ
　　③ 50 ④ 水

⭐14 たねまきとめばえ④

(1) 名前 (2) 1cmくらい
(3) 黄緑色 (4) 5月2日
(5) ホウセンカの育ち方

⭐15 植物の育ちとつくり①

(1) ① 根 ② くき
　　③ 草たけ ④ ふえる
(2) ① 水 ② ささえる
　　③ からだ ④ 根

⭐16 植物の育ちとつくり②

(1) からだのつくり (2) 6月18日
(3) 3つ (4) くき、葉
　　　　((4)のじゅんばんは自由)

⭐17 植物の育ちとつくり③

① 3 ② 4
③ 1 ④ 2

18 植物の育ちとつくり④

(1)　5月8日（イ）　　7月1日（ウ）
(2)　①　ウ　　　②　イ
(3)　植えかえ

19 植物の一生①

(1)　①　子葉　　②　花
　　　③　実　　　④　たね
(2)　①　イ　　　②　エ
　　　③　ア　　　④　ウ

20 植物の一生②

①　たね　　　　②　子葉
③　本葉　　　　④　草たけ
⑤　つぼみ　　　⑥　花
⑦　実　　　　　⑧　たね

21 植物の一生③

(1)　①　ウ　　　②　ア
　　　③　イ
(2)　6月14日（ア）　　9月11日（ウ）

22 植物の一生④

①　キ　　　②　カ
③　イ　　　④　ク
⑤　ウ　　　⑥　オ
⑦　エ　　　⑧　ア

> モンシロチョウのように生き物によっ
> て、すんでいるところや食べているも
> のがちがいます。どんな理由があるか
> 考えると、おぼえやすくなります。

23 チョウの育ち方①

(1)　①　キャベツ　　②　黄色
　　　③　細長い
(2)　①　ミカン　　　②　サンショウ
　　　③　黄色　　　　④　丸い
　　　　　（①，②のじゅんばんは自由）
(3)　①　黄色　　　②　かじる
　　　③　緑色

24 チョウの育ち方②

(1)　①　たまご　　②　水
　　　③　あな
(2)　①　よう虫　　②　そうじ
　　　③　葉
(3)　①　葉　　　　②　日光
　　　③　よう虫　　④　大きく

25 チョウの育ち方③

(1) ㋐ たまご　　㋑ さなぎ
　　㋒ よう虫　　㋓ せい虫
(2) ㋐, ㋑
(3) ① ミカン　　② 花

26 チョウの育ち方④

(1) ㋐ たまご　　㋑ よう虫
　　㋒ さなぎ　　㋓ せい虫
(2) ① たまごのからを食べている
　　② 食べない
　　③ 花のみつ（みつ）
　　④ キャベツの葉（キャベツ）

27 チョウのからだ①

(1) ㋐ キアゲハ　　㋑ モンシロチョウ
(2) ① 頭　　　　② むね
　　③ はら
(3) ① 6　　　　② 4
(4) ②
(5) ①, ④

28 チョウのからだ②

(1) ① ㋑　　② ㋕
　　③ ㋒　　④ ㋓
　　⑤ ㋐　　⑥ ㋔
(2) ① 2　　② 6
　　③ 2　　④ 4

29 チョウのからだ③

(1) ① 頭　　　　② むね
　　③ はら　　　④ 曲がる
　　⑤ ストロー　⑥ 花のみつ
　　（①, ②, ③のじゅんばんは自由）
(2) ① 目　　　　② しょっ角
　　③ 食べ物　　④ きけん
　　（①, ②のじゅんばんは自由）

30 チョウのからだ④

① ㋑　　　　② ㋐
③ キャベツの葉　④ かむ口
⑤ ストロー

31 こん虫のからだ①

① 頭　　　② はら
③ むね　　④ 4まい
⑤ 2まい
　　（①, ②のじゅんばんは自由）

32 こん虫のからだ②

(1) ① 頭　　② むね
　　③ はら
(2) ㋐ しょっ角, 2
　　㋑ 目, 2　　㋒ 口, 1
　　㋓ あし, 6　　㋔ はね, 4

33 こん虫のからだ③

(1) ①, ②, ④, ⑥, ⑦
(2) ⑦ ③　　イ ②
　　 ⑦ ①

34 こん虫のからだ④

① ⑦, ⑦　　② ⑦, ⑦
③ イ, エ, オ, キ

35 こん虫の育ち方①

(1) ① 土　　　　② よう虫
　　 ③ せい虫　　④ 皮をぬいで
(2) ① トンボ　　② セミ
　　 ③ 水　　　　④ 土
　　　　　　　（①, ②のじゅんばんは自由）

36 こん虫の育ち方②

① くさった葉　② よう虫
③ 皮をぬいで　④ さなぎ
⑤ 白い色　　　⑥ 黒っぽく
⑦ せい虫　　　⑧ チョウ

37 こん虫の育ち方③

① モンシロチョウ　② アキアカネ
③ カブトムシ　　　④ アブラゼミ
⑥ 花のみつ　　　　⑥ 小さい虫
⑦ 木のしる　　　　⑥ 木のしる

38 こん虫の育ち方④

(1) ① よう虫　　② さなぎ
　　 ③ よう虫
(2) ① クワガタ　② 土の中
　　 ③ トンボ　　④ ヤゴ
　　 ⑤ 水の中

39 こん虫のくらし①

(1) ① 色　　　　② 形
　　 ③ 食べ物　　④ ちがいます
　　　　　　　（①, ②のじゅんばんは自由）
(2) ① アゲハ　　② 野原
　　 ③ 花のみつ
(3) ① コオロギ　② 草
　　 ③ 虫

40 こん虫のくらし②

(1) ① 水　　② 4 cm
　　 ③ こげ茶色
(2) ① 土　　② 5 mm

41 こん虫のくらし③

① 土の中　　② 草むら
③ 草むら　　④ 花のあるところ
⑤ 林

⭐42 こん虫のくらし④

① 緑色　　② 茶色
③ てき　　④ 後ろあし
⑤ ジャンプ

太陽の動きはいつも同じです。動き方
をおぼえましょう。
日なたと日かげは、外でたしかめてみ
るとおぼえやすくなります。

⭐43 太陽の動きとかげのでき方①

(1)　① 東　　　② 南
　　　③ 西　　　④ 太陽
(2)　① 日光　　② 反対がわ
　　　③ かげ　　④ 時こく

⭐44 太陽の動きとかげのでき方②

(1)　④と⑤
(2)　②と③
(3)　⑦

⭐45 日なたと日かげ①

(1)　⑦
(2)　温度計
(3)　① 日光　　② かわいて
(4)　日かげになる

⭐46 日なたと日かげ②

(1)　① 温度計　　② 10時
　　　③ 正午
(2)　① 18℃　　② 16℃
　　　③ 日かげ　　④ 日光
　　　⑤ 高く

⭐47 日なたと日かげ③

1　(1)　⑦, ⑦, ⑦
　　(2)　⑦
　　(3)　⑦
2　① 19℃　　② 20℃
　　③ 20℃

⭐48 日なたと日かげ④

①　△　　②　○
③　○　　④　△
⑤　△　　⑥　○
⑦　△　　⑧　○
⑨　○　　⑩　△

⭐49 光の進み方①

(1)　① 日光　　② 明るく
　　　③ 目　　　④ 顔
(2)　① 丸　　　② 四角
　　　③ 三角　　④ 左

50 光の進み方②

(1) ① 日光 ② はね返り
③ 三角形 ④ 四角形
(2) ① ⑦ ② ㋒
③ 下 ④ あたたかい

51 光を集める①

① 四角い ② 1
③ 3 ④ ⑦
⑤ 2 ⑥ 3
⑦ 明るく ⑧ 高く

52 光を集める②

(1) ㋒ (2) ㋒
(3) ㋑ (4) 2こ
(5) 2こ

53 光を集める③

(1) ① 日光 ② 大きく
③ 小さく ④ 大きく
(2) ① ㋑ ② 小さく
③ 明るく ④ 温度

54 光を集める④

(1) ① 大きく ② 小さく
③ 高く ④ 明るく
(2) ① 大きい ② 日光
③ 明るく ④ 高く

電気が通ると明かりがつきます。
電気の通り道のことを「回路」といいます。回路がとぎれていると電気は通れません。

55 明かりをつけよう①

① フィラメント ② ソケット
③ どう線 ④ ＋
⑤ －

56 明かりをつけよう②

① ＋ ② どう線
③ 通り道 ④ フィラメント
⑤ 回路

57 明かりをつけよう③

① ゆるんで ② フィラメント
③ きょく ④ ついて
⑤ 回路

⭐58 明かりをつけよう④

① ×   ② ×   ③ ○
④ ×   ⑤ ○

⭐59 電気を通すもの・通さないもの①

① ○   ② ○
③ ○   ④ ×
⑤ ×   ⑥ ×
⑦ ×   ⑧ ○

⭐60 電気を通すもの・通さないもの②

(1) ① アルミニウム   ② 金ぞく
    ③ 通す   ④ はがして
(2) ① 紙   ② ガラス
    ③ 通し   ④ 通し
        (①，②のじゅんばんは自由)

⭐61 電気を通すもの・通さないもの③

(1) ① つきません   ② スチールかん
    ③ ペンキ   ④ 通しません
(2) ① 表面   ② 金ぞく
    ③ 通す   ④ つきます

⭐62 電気を通すもの・通さないもの④

○がつくもの　②，③，⑤，⑥

じしゃくの学習をします。
ちがうきょくは、引き合い。同じきょ
くは、しりぞけ合います。このせいし
つをしっかり覚えましょう。

⭐63 じしゃくの力①

(1) ① 鉄   ② 紙
    ③ アルミニウム   ④ 銅
        (③，④のじゅんばんは自由)
(2) ① ふれて   ② 鉄
    ③ つかない   ④ 引きつけます

⭐64 じしゃくの力②

① ⓘ   ② ⓣ   ③ ⓚ
④ ⓐ   ⑤ ⓣ   ⑥ ⓘ
⑦ ⓚ   ⑧ ⓘ

⭐65 じしゃくの力③

① ×   ② ×   ③ ○
④ ○   ⑤ ×   ⑥ ×
⑦ ×   ⑧ ○   ⑨ ×
⑩ ×

⭐66 じしゃくの力④

×がつくもの　②，④，⑥，⑦

67 じしゃくのせいしつ①

(1) ① 両はし　　② きょく
　　③ Nきょく　　④ Sきょく
　　　　　　(③, ④のじゅんばんは自由)
(2) ① ×　　② ○
　　③ ×　　④ ○

68 じしゃくのせいしつ②

① ○　　② ×
③ ×　　④ ○

69 じしゃくのせいしつ③

① はり　　② N
③ 西　　④ S
⑤ じしゃく

70 じしゃくのせいしつ④

① じしゃく　　② こすって
③ 方いじしん　　④ N
⑤ S
　　　　(④, ⑤のじゅんばんは自由)

71 風のはたらき①

(1) ① 消す　　② たおし
　　③ とばし　　④ 強い力
(2) ① ヨット　　② 電気
　　③ そうじき　　④ 向き

72 風のはたらき②

① ゴム　　② 空気
③ 遠く　　④ 強い
⑤ 速く

73 ゴムのはたらき①

(1) ⑦ の　　　イ ね
　　ウ ね　　　エ の
(2) ① のび　　② ねじれ
　　③ 動かす　　④ 長く
　　⑤ 大きく　　⑥ ねじる
　　　　(①, ②のじゅんばんは自由)

74 ゴムのはたらき②

(1) ① ゴム　　② 元にもどる
　　③ プロペラ　　④ 風
(2) ① 速さ　　② 強さ
　　③ 回数　　④ 遠く

75 音のつたわり方①

(1) ① たたき　　② 水
　　③ 波
(2) ① わゴム　　② はじき
　　③ ふるえて　　④ 強く
　　⑤ 大きな

76 音のつたわり方②

(1) ① 同じ   ② うす紙
    ③ 音   ④ ふるえ

(2) ① 金ぞく   ② たたくと
    ③ たるんだり   ④ つたわり

77 音のつたわり方③

(1) ① ふるえ   ② ストローぶえ
    ③ 息   ④ 空気

(2) ① こだま   ② はね返る
    ③ 走る車   ④ 天じょう

78 音のつたわり方④

(1) ① 1   ② 3
    ③ 2   ④ 4

(2) ① あ   ② い
    ③ あ   ④ ふるえる

> 鉄と木のように、体せきが同じでも重さがちがいます。

79 ものの重さ①

① 電子てんびん   ② 台ばかり
③ 上皿てんびん   ④ 重さ
⑤ 水平

           (①，②のじゅんばんは自由)

80 ものの重さ②

(1) イ   (2) イ
(3) ア   (4) ア

81 ものの重さ③

(1) ウ   (2) ア
(3) ア   (4) イ

82 ものの重さ④

(1) ねん土   (2) 発ぽうスチロール
(3) 鉄   (4) 木
(5) 3，1，2，4

83 体せきとものの重さ①

① 50mL   ② ふえた
③ 6mL   ④ 体せき

84 体せきとものの重さ②

1 あ 木   い アルミニウム
   う 発ぽうスチロール

2 (1) 1mL
   (2) ビー玉